# NOTICE

SUR LES

# EAUX MINÉRALES

## FERRIFÈRES

DE

## FONTAINE-BONNELEAU

(OISE)

PAR C. M. MAJOT, MÉDECIN,

A LA VACQUERIE (OISE).

AMIENS,

LIBRAIRIE D'ALFRED CARON,

Rue des Trois-Cailloux, 54.

1852.

Te 163
Te 782

# NOTICE

SUR LES

# EAUX MINÉRALES

## FERRIFÈRES

DE

## FONTAINE-BONNELEAU

(OISE)

PAR C. M. MAJOT, MÉDECIN,

A LA VACQUERIE (OISE).

---

AMIENS,

LIBRAIRIE D'ALFRED CARON,

Rue des Trois-Cailloux, 54.

1852.

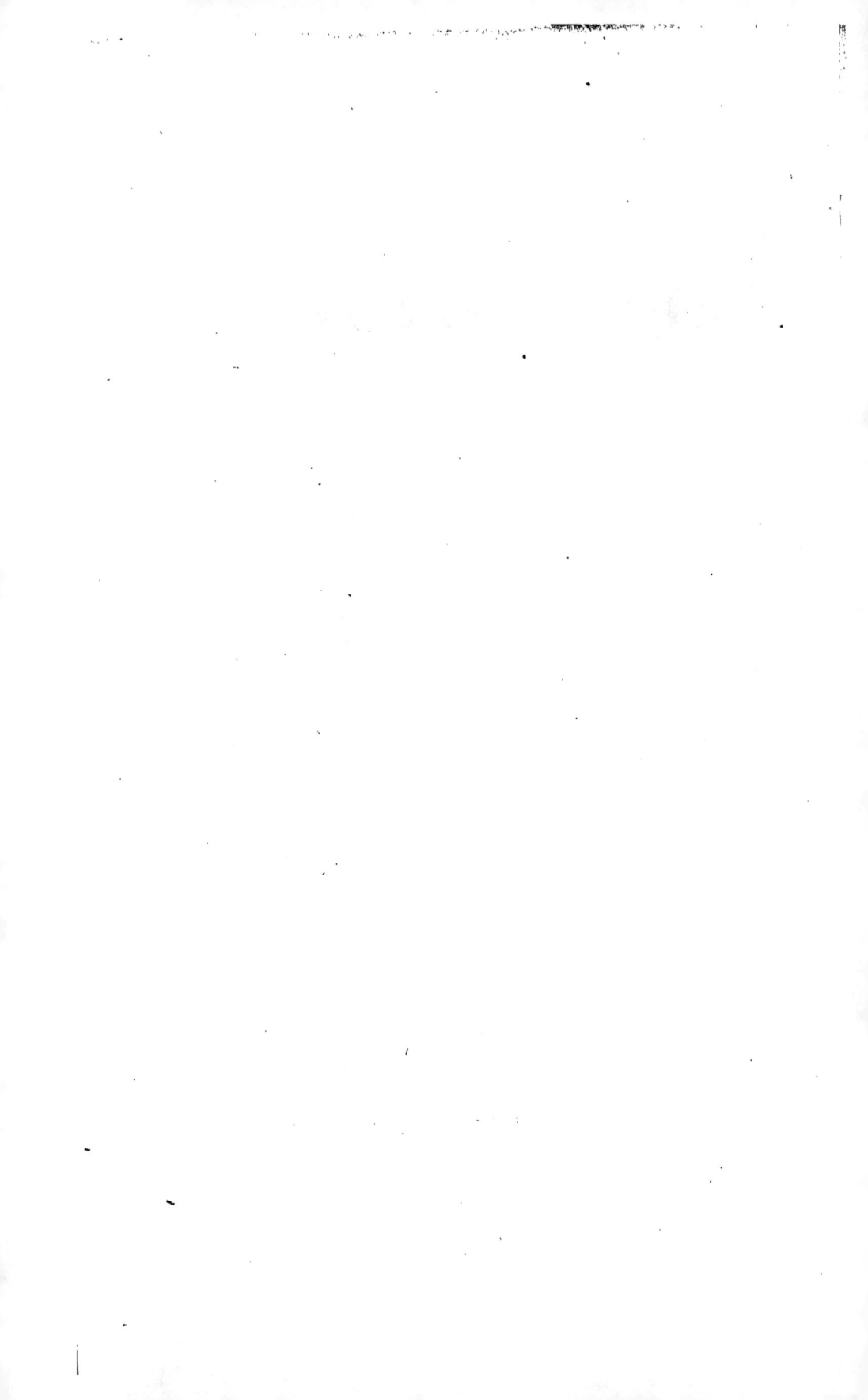

*A ma Mère*

*Amour et reconnaissance.*

———————

*A la mémoire*

*De mon Père.*

C. M. MAJOT.

# NOTICE

# EAUX MINÉRALES

### FERRIFÈRES

DE

## FONTAINE - BONNELEAU

## § I. — Avant-Propos.

L'abondance de l'eau à la surface de la terre, la profusion avec laquelle elle y est répandue, ont dû porter, de bonne heure, les hommes à l'essayer comme moyen de guérir.

On voit, dès la plus haute antiquité, l'usage de l'eau parfaitement établi non-seulement comme médicament, mais aussi comme substance hygiénique. Certaines sources, et surtout les sources minérales, passaient pour avoir des vertus divines; on leur faisait des offrandes et des sacrifices, on leur érigeait des temples et des palais pour les renfermer (1). On les dédia à Hercule, dieu de la force, c'est-à-dire, de la véritable santé; les hommes

(1) Les ruines des monuments que l'on rencontre encore à Néris, à Bourbon-l'Archambault, au Mont-d'Or et dans plusieurs sources des Pyrénées, en sont une preuve.

célèbres de cette époque en font tous des mentions très-honorables; Galien, Pline, Vitruve, Sénèque ne tarissent point en louanges, sur ce sujet, dans leurs écrits.

Aujourd'hui l'usage des eaux minérales est répandu plus que jamais. A part une source efficace çà et là oubliée, toutes ont été analysées, expérimentées. Celle qui fait le sujet de ce petit opuscule est malheureusement inconnue; mais nous espérons que notre travail, bien imparfait, sans doute, lui fera prendre à côté de ses sœurs la place qu'elle mérite d'y occuper.

## § II. — Topographie et situation des sources minérales de Fontaine-Bonneleau.

Les sources minérales de Fontaine-Bonneleau sont situées au nord du département de l'Oise et non loin de ses limites, dans le canton de Crèvecœur, arrondissement de Clermont (Oise), à 14 kilomètres du chemin de fer du Nord, à 96 de Paris, 24 de Beauvais, 28 d'Amiens, 46 de Clermont-de-l'Oise, à 10 kilomètres, moyenne distance, des bourgs de Breteuil, Grandvilliers, Crèvecœur et Conty (Somme), à 700 mètres environ de Fontaine-Bonneleau (1), dans les marais compris entre Catheux (2) à l'angle sud d'un massif de peu-

(1) Quelques titres portent : *Fontaine-sous-Catheux*, évidemment par rapport au voisinage du village de Catheux.

(2) Les anciens titres portent : *Cateu*, *Catheu*, *Chatheu*, *Cathœvus*, aujourd'hui *Catheux*.

( M. Graves, *Statistique du canton de Crèvecœur*, page 31 ).

pliers, vis-à-vis un moulin à eau dit *Moulin de Catheux*, à 48 mètres du chemin de Fontaine-Bonneleau à Crèvecœur, à 200 mètres de la Selle. Cette rivière, qui prend sa source dans le village de Catheux (1), se dirige du sud au nord en décrivant une courbe jusqu'à Conty (2). Là, elle fait un angle et reçoit, un peu avant cet angle, deux affluents : l'un venant de Thoix (3), qui est la *petite rivière des Parquets*, et l'autre de Poix (4), dit *rivière des Evoissons ;* enfin elle donne dans son trajet la vie à une foule de manufactures et de moulins, et, après un cours de 52 kilomètres environ, elle va se jeter dans la Somme, au faubourg de Hem d'Amiens, à l'ouest de cette ville.

## § III. — Histoire des Eaux minérales de Fontaine-Bonneleau.

Revenons aux eaux ferrifères de Fontaine. On rencontre dans un petit fossé, de la forme d'un carré long, trois sources.

(1) La *Selle*, appelée autrefois *Seille, Celle*, commençait dans le vallon (A) qui sépare Conteville du Mesnil-Conteville, au lieu dit le *Moultru* ou *Mertru* (mauvais trou) ; mais, depuis une époque très-reculée, cette source est à sec et ne donne plus d'eau que tous les dix ou quinze ans à la manière des sources intermittentes. (M. Graves, *loco citato.*)

(2) Chef-lieu de canton, département de la Somme. ( Voir la Notice historique sur cette localité, par M. M.-A.-Gabriel Rembault, d'Amiens. — Amiens, typ. Alfred Caron, 1849.)

(3) Village du canton de Conty. Une monographie sur ce village a été publiée, en 1845, par M. M.-A.-Gabriel Rembault, d'Amiens.

(4) Aussi chef-lieu de canton, et du département de la Somme.

(A) Ce lieu est situé à cinq kilomètres des sources actuelles.

L'origine de ces sources se perd dans la nuit des temps ; aucune tradition, aucun titre n'assignent d'époque fixe à leur apparition, elles sont évidemment antérieures à la fondation du village de Fontaine-Bonneleau auquel elles ont, vu leur excellente qualité, donné les noms qu'il porte et qu'il a portés, ( *Fontaine*, *Fontaines*, *Bonne-l'Eau*, *l'Eau-Bonne*, *Fontaine-Bonneleau* ).

Ces sources sont connues dans le pays sous les noms de *Fontinettes*, *Fontenettes*, *Fontainettes*, *Fontaines-Bigand*, *Fontaine-de-Fer*, *Fontaine-du-Moulin*, *Fontaines-des-Malades*, les *Trois-Fontaines*, *Sources-Minérales*, les *Petites-Fontaines*, *Fontaines-Rouillard*, *Fontaines-Rouillées*, enfin *Fontaines-Mallot*, ( évidemment par corruption du nom de Vallot, pharmacien d'Amiens, qui les mit en faveur vers la fin du dernier siècle ;) nous tenons à reproduire cette dernière dénomination, afin de rendre à ces fontaines le nom que la reconnaissance leur avait spontanément donné.

Ces trois sources, avant 1770, n'avaient été l'objet d'aucun soin. Abandonnées à elles-mêmes, on n'avait rien construit pour les préserver des accidents extérieurs.

A cette époque (1770), M. Vallot, dont nous venons de parler, dota ces fontaines de bassins en pierres, lesquels existent encore aujourd'hui (1) ; ils sont au nombre de trois et percés inférieurement de trous circulaires qui laissent monter l'eau.

---

(1) M. Grâves, dans un passage que nous lui empruntons, dit « que ces » sources furent entourées de murs » Toute trace de construction a disparu et que rien n'indique aujourd'hui que là fut une maçonnerie préservatrice.

Un quatrième bassin situé au milieu des trois que nous venons de citer, sert de récipient aux ruisseaux formés par l'écoulement des eaux de chaque source.

De ce quatrième bassin sort un ruisseau, qui traverse la prairie de l'est à l'ouest, on le reconnaît très-facilement par la matière ocracée qu'il laisse déposer dans son lit et aux herbes qui bordent ses rives. Après un cours de 300 mètres, il se jette dans la Selle.

Ces eaux ont joui pendant longtemps d'une célébrité réelle. Les quelques faits que nous allons rapporter, le prouvent incontestablement. Ici encore nous aurons recours au travail du savant M. Graves sur le *canton de Crèvecœur*, et nous en extrayons, à la page 48, le passage suivant :

« A sept cents mètres environ, au midi du chef-lieu
» (Fontaine-Bonneleau, chef-lieu du territoire), sont
» les fontaines dont les eaux minérales, martiales ou
» ferrugineuses ont eu quelque célébrité dans le cours du
» dernier siècle. M. Vallot, pharmacien d'Amiens, les
» fit arranger et *entourer de murs* vers 1770. Ces eaux
» apéritives et diurétiques sont très-efficaces; on avait
» commencé, avant la révolution de 1789, à les prendre
» sur place, on en transportait aussi une assez grande
» quantité à Amiens; leur réputation ne s'est pas soute-
» nue, quoique leurs propriétés soient incontestables. »

Il dit ailleurs, même livre, page 4 : « Il y a dans la
» prairie de Fontaine . . . . . . . trois sources
» d'eau minérale ferrugineuse qui sont douées de pro-
» priétés médicales énergiques. »

Cambry, ancien préfet de l'Oise, dans son livre ayant

pour titre : *Description du département de l'Oise*, dit,
tome I, page 228 : « Il y a, à Fontaine, des eaux ferru-
» gineuses estimées par l'apothicaire Vallot ; il fit des
» dépenses pour leur donner quelque crédit. »

M. Froment, dans une lettre (1) dit : « Elles con-
» viennent dans les cas de leucorrhée invétérée qui ne
» dépendent point d'un virus syphilitique, dans les an-
» ciennes blennorrhagies, dans les diarrhées opiniâtres
» et dans les dyssenteries chroniques elles produisent
» dans toutes ces maladies des effets salutaires ; en joi-
» gnant à leur usage un exercice modéré et l'air frais
» des campagnes, ces précautions favorisent merveilleu-
» sement leur action.

Quoi de plus positif sur les vertus astringentes et toniques de ces eaux ? n'est-ce pas là l'action des ferrugineux dans toute sa puissance !

Un auteur, dont nous ne nous rappelons pas le nom,
et dont nous lûmes le livre par hasard, livre que nous
n'avons plus à notre disposition, dit en parlant de leur
analyse chimique : « Les eaux minérales de Fontaine-
» Bonneleau (Oise) contiennent en dissolution des car-
» bonates et sulfates de fer, des carbonates et sulfates
» de soude ; elles donnent avec les réactifs suivants
» des précipités diversement colorés ; ainsi, avec l'infu-

(1) Cette lettre fut adressée, le 21 juin 1826, à M. le comte de Puy-
maigre, alors préfet du département de l'Oise, par M. Froment ( Pierre-
Claude ), docteur en médecine, ancien chirurgien-major, dans le but de
faire connaître, dans un livre qui se publiait sur le département de l'Oise,
les propriétés médicales de ces eaux. M. Froment est né à La Vacquerie,
il y est mort le 3 juillet 1840, dans sa 70e année, après avoir exercé l'art
de la médecine pendant 40 ans.

» sion de noix de galle, un précipité noirâtre ; avec les
» prussiâtes alcalins, un précipité bleuâtre. »

Cette analyse est incomplète et inexacte, ainsi qu'on
peut s'en convaincre par son rapprochement avec celle
de M. Galippe, que nous transcrirons bientôt ; aussi ne
la donnons-nous que comme document historique.

Enfin, nous citerons le fait suivant que nous tenons de
notre savant et spirituel ami, M.-A.-Gabriel Rembault,
d'Amiens, et qui prouve une fois de plus les excellentes
propriétés de ces eaux. Nous copions textuellement la
note qu'il a eu la bonté de nous adresser :

« Quand l'amiénois Vallot découvrit, au siècle dernier,
» les vertus des sources de Fontaine-Bonneleau, on vit
» les seigneurs, et surtout les dames de la cour de Louis
» XV, mettre à la mode l'usage de ces eaux. Il est pro-
» bable que les petites maîtresses de ce temps avaient
» besoin de lutter, par des boissons toniques, contre une
» certaine infirmité secrète bien connue chez nos mo-
» dernes parisiennes. On sait que la baronie de Catheux,
» située aux environs, appartenait alors à la famille de
» Gouffier-Thoix ; c'est sans doute cette famille qui fit
» connaître à Paris l'efficacité des eaux de Fontaine-Bon-
» neleau.

» M. de Couronnel, seigneur de Monsures, près Conty,
» avait, vers la même époque, une telle reconnaissance
» pour ces eaux ferrifères, que son intention était de faire
» construire un petit château sur le côteau qui avoi-
» sine la source. Déjà, il avait fait planter en parc le
» versant dela colline, lorsque la mort est venue inter-
» rompre ses projets. »

## § IV.—Propriétés, Caractères physiques et analyse chimique des eaux ferrifères de Fontaine-Bonneleau.

———●❀❀●———

Nous avons vu dans le deuxième paragraphe de cette notice que ces sources étaient au nombre de trois ; nous allons ici les passer en revue successivement et apprécier les qualités physiques et chimiques particulières à cha-cune d'elles.

La première de ces sources , celle que dans le pays on désigne plus particulièrement sous les noms de : *Fon-taine des malades*, *Fontaine de fer*, *Fontaine Mallot*, est située au nord-est et coule vers le sud-ouest. Exa-minée immédiatement à sa sortie de la source, l'eau pré-sente sous le point de vue physique, une température dont la moyenne est de 9 degrés centigrades ; elle est lim-pide, d'une odeur légèrement sulfureuse, d'une saveur astringente dont l'arrière-goût a quelque chose de mé-tallique et de particulier aux sels de fer. Peu de temps après son contact avec l'air ambiant , sa surface se couvre d'une pellicule rougeâtre légèrement irisée ; en même temps, quelques-uns de ses principes minéralisateurs l'a-bandonnent et forment un dépôt très-abondant de couleur briquetée, dont la composition chimique est, du reste, déterminée dans l'analyse ci-jointe , que nous devons à la bienveillance de M. Galippe pharmacien à Grandvilliers ; après ce dépôt , cette eau est presque insipide.

Ces effets sont très peu sensibles lorsqu'on la met en vase clos ( toujours immédiatement à sa sortie de la source ) ; dans cet état elle se conserve très longtemps et peut être transportée à de fort grandes distances sans subir d'altérations appréciables.

Soumise à l'analyse chimique, elle donne les éléments constitutifs suivants :

Nous croyons ne bien traiter ce point important de notre travail qu'en rapportant ici textuellement la lettre que nous a adressée M. Galippe sur ce sujet.

Voici cette lettre :

A Grandvilliers, le 20 mai 1850.

» Mon cher Monsieur Majot,

» Vous m'avez exprimé le désir de voir l'eau de Fon-
» taine-Bonneleau et son dépôt soumis à une analyse
» exacte ; ce travail m'a conduit à découvrir dans cette
» eau et dans le dépôt les principes ci-dessous.

» J'ai fait trois fois l'analyse et chaque fois j'ai obtenu
» des résultats qui concordaient ensemble.

» L'analyse a donné la composition suivante pour un
» litre d'eau.

» PRINCIPES MINÉRALISATEURS.

| | |
|---|---|
| » Acide carbonique, libre. | Inappréciable. |
| » Acide sulfhydrique . . . . . . | 0,0094 |
| » Matière grasse . . . . . . . | 0,0100 |
| » Crénate de fer . . . . . . | 0,0705 |
| » Bi-carbonate de chaux . . . . | 0,1025 |
| » Bi-carbonate de strontiane . . . . | 0,0080 |
| » Bi-carbonate de magnésie . . . . | 0,0364 |
| » Bi-carbonate de manganèse. . . . | 0,0095 |
| » Bi-chlorure de sodium . . . . . | 0,0210 |
| » Silicate d'alumine . . . . . . | 0,0150 |
| » Bi-arséniate de fer . . . . . . | Traces. |
| » Pertes . . . . . . . . . | 0,0177 |
| | 0,5000 |

» N. B. Tous ces principes sont supposés à l'état
» anhydre.

» J'ai analysé qualitativement l'eau des deux sources
» qui avoisinent celle qui fait principalement le sujet de
» votre travail et que je désignerai par la lettre A ; la
» seconde, sa voisine, par la lettre B ; la troisième,
» par la lettre C.

» La nature de ces sources présente beaucoup d'ana-
» logies, et il y a lieu de penser que l'eau provient du
» même foyer minéralisateur (1).

» Approximativement :

» La source A : B :: 3 : 1.

» La source B : C :: 4 : 1.

» Le dépôt ferrugineux que vous avez recueilli vous-
» même, constituait une bouillie épaisse et m'a donné
» par l'analyse, pour 100 parties :

| | |
|---|---:|
| » Oxide de fer anhydre . . . . . | 9, |
| » Manganèse. . . . . . . . | Traces. |
| » Carbonate de chaux . . . . . | 0,160 |
| » Matière grasse ( acide crénique et » hypocrénique ) . . . . . . | 7,200 |
| » Silice gélatineuse et alumine . . | 0,200 |
| » Résidu insoluble ( sable ). . . . | 12,700 |
| » Eau. . . . . . . . . . | 70,000 |
| » Arsenic. . . . . . . . . | 0,400 |
| » Pertes . . . . . . . . . | 0,340 |
| | 100,000 |

(1) Des recherches, fouilles, sondages ont été faits, tant sur l'étendue
du marais que sur les hauteurs qui le bordent, dans le but d'y découvrir
une mine de fer ; toutes les tentatives entreprises à ce sujet sont jusqu'alors
restées infructueuses.

des sels minéraux vénéneux en trop grande proportion ?
Non , Dieu merci , analyse chimique en main , nous affir-
mons le contraire.

Mais alors , nous le répétons , pourquoi cet abandon ,
cet oubli ?

Selon nous , leur situation dans un village isolé et peu
commerçant , les crises politiques ( 1789 à 1814 ) sur-
venues au moment où leur célébrité commençait à s'éten-
dre , la mort de M. Vallot qui les patronait , peut-être
même l'abus qu'on en fit alors, toutes ces choses réunies
furent la cause de leur abandon.

Ici se termine , ce qu'en somme nous pouvons appeler
l'histoire générale des eaux minérales ferrifères de Fontaine-Bonneleau; nous serons heureux si nous avons at-
teint le but que nous nous étions proposé.

En tirant de l'oubli ces eaux précieuses , en les signa-
lant au public comme capables de guérir quelques-unes
de nos maladies , hélas ! aujourd'hui trop nombreuses ,
nous serons satisfait si nous avons pu relier en un tout
homogène les éléments épars dont nous nous sommes
servis pour cette étude.

La partie qui va suivre sera essentiellement médicale,
Pour la produire, nous avions besoin de remarques, de
faits sur l'emploi de ces eaux dans telle ou telle maladie ,
ou sur les contre-indications que l'usage de ce médicament nécessite ; nous avions bien nos recherches , notre
expérimentation ; mais nous voulions en outre faire peser
dans la balance les sages et judicieuses observations de
quelques praticiens. Au nombre de ceux-ci nous citerons
avec éloge M. Thorel, médecin à Fontaine-Bonneleau

même. De plus, nous puiserons encore une fois dans la lettre de M. Froment, cette source féconde de renseignements.

## § VI.—Action physiologique des eaux ferrifères de Fontaine-Bonneleau.

Avant d'arriver à l'examen des états maladifs où l'on doit prendre ces eaux comme agent de médication, nous croyons nécessaire de consigner ici sous le titre d'*action physiologique* nos observations sur quelques individus bien portants, soumis pendant un temps assez court à l'action de ces sources.

Voici ces observations :

En juin 1849, huit individus, âgés de 25 à 35 ans, dont 5 hommes et 3 femmes, et doués d'une bonne santé, furent soumis, par nous, au régime exclusif de ces eaux pour boisson, à la dose de trois verres de moyenne grandeur, par jour. Les quinze premiers jours, rien de saillant ne s'offrit à notre observation, si ce n'est du septième au huitième jour, un léger degré d'étourdissement chez l'un des sujets. Cet état dura peu, et, vers le quinzième jour il fut pris, comme tous les autres, d'un faible degré de constipation. A dater de cette époque (15e jour), deux souffrirent de pesanteur de tête avec céphalalgie, leur sommeil devint agité, le pouls dur acquit de la fréquence, la face était rouge, vultueuse par instant ; un malaise général ne tarda pas à se manifester. Les autres individus ne furent pris de ces accidents que du 20e au 28e jour. Chez tous, les fonctions digestives furent viciées ; l'appétit resta à peu près le même pendant tout le temps du régime; la soif se fit sentir avec violence. La constipation augmenta au point qu'on fût forcé de la combattre par l'emploi de 30 grammes de sulfate de magnésie tous les cinq jours; un seul sujet échappa à cette nécessité en conservant ses fécès liquides ; les selles étaient noires, peu abondantes, les urines furent rendues en plus grande quantité que dans l'état ordinaire.

Quoique d'une nature plus excitable que celle des hommes, les femmes ne firent pas exception à la règle, ce que nous attribuons à la constitution presque masculine des femmes de la campagne. Nul doute pour nous qu'en administrant ces eaux aux femmes des villes, les effets n'en soient plus prompts et plus marqués.

Chez les campagnardes soumises au régime des eaux de Fontaine, les menstrues furent moins abondantes et même retardées.

Quelque temps après, en mai 1850, nous nous soumîmes avec deux de nos amis au même traitement; nous éprouvâmes des effets identiques à ceux soufferts par les individus sujets de notre expérience.

Un habitant de la localité nous assura qu'il ne pouvait boire ces eaux sans éprouver de violents maux de tête, presque des vertiges, et toujours une extrême constipation.

Ces effets, qui, comme on le voit, allaient toujours *crescendo*, seraient évidemment devenus la cause d'accidents morbides, de maladies inflammatoires, aiguës, si nous avions poussé plus loin l'usage de cet agent médicinal. Sans tenir compte des remarques faites par nos devanciers, n'était-on pas en droit de conclure avec de pareilles données recueillies sur l'homme physiologique, que ces eaux administrées à l'homme malade, on obtiendrait d'heureux résultats? C'est ce que la pratique, l'expérience et l'observation ont démontré.

## § VII—Propriétés médicales, effets thérapeutiques des eaux minérales de Fontaine-Bonneleau.

Semblables à toutes les eaux minérales, quelle que soit du reste la classe à laquelle elles appartiennent, celles de Fontaine-Bonneleau ont leurs indications et leurs contre-indications. Ainsi, elles sont toujours nuisibles dans les maladies aiguës ou dans celles chroniques qui sont accompagnées d'une irritation un peu vive. Les personnes d'un tempérament sanguin, pléthorique, disposées aux affections cérébrales, se trouveraient vivement incommodées de l'usage de cette boisson. Pour celles atteintes d'épilepsie, d'anévrismes soit du cœur, soit des troncs artériels principaux, d'épanchements séreux ou sanguins ayant lieu dans l'une des cavités splanchniques, de dégénérescences squirrheuses ou cancéreuses, la prescription de ce médicament serait plus qu'une faute.

Ceci dit, nous arrivons aux indications.

Cette partie est sans contredit la plus importante de cet écrit; nous serons court et précis dans l'exposé des maladies qui réclament, pour base de traitement, l'usage de ces eaux.

Nous pourrions ajouter, après chaque citation de maladies, plusieurs observations de guérisons obtenues, mais, à quoi bon? notre travail n'est point une réclame de journal, une annonce de charlatan.

En employant ces eaux dans les maladies des organes

digestifs, lorsque ceux-ci sont purs de toute irritation; quand le sujet est sans fièvre, qu'il a le teint jaunâtre, les selles anormales, irrégulières, tantôt solides, tantôt liquides, ou surtout, ce dernier état constant, on en obtient vraiment des effets surprenants. M. Froment, dans la lettre déjà citée, dit : « Les eaux de Fontaine sont propres » à rappeler l'appétit et à rectifier les digestions chez » ceux dont les organes abdominaux sont tombés dans » le relâchement, et à ceux qui sont sujets à des aigreurs » continuelles. »

La diarrhée chronique, ainsi que nous l'avons constaté d'après l'indication déjà faite par M. Froment, se trouve combattue efficacement par l'emploi de ce remède, longtemps continué.

Dans la chlorose franche, sans lésions organiques des centres circulatoires, dans celle qui attaque les sujets débilités par des émissions sanguines abondantes, produites, soit maladivement, soit dans un but thérapeutique, ou dans celle qui attaque les jeunes filles à l'époque de la puberté, l'usage de ce médicament est d'une grande efficacité.

L'anémie, cette autre maladie des organes circulatoires, ou, pour être plus exact, du sang lui-même, et ayant les mêmes causes que la chlorose, cède aussi facilement à l'usage de ces eaux que les maladies dont nous venons de parler.

Employées une seule fois chez une femme atteinte de métrorrhagie passive, grave, ayant pour cause l'âge critique, cette femme fut radicalement guérie après deux mois du même traitement.

Enfin nous terminerons en citant deux maladies non

moins pénibles que désagréables pour les personnes qui en sont atteintes ; nous voulons parler de la blennorrhagie chronique et de la leucorrhée au même période d'inflammation ; combien de femmes épuisées par des flueurs blanches ne sont-elles pas aises de rencontrer là , sous la main , un remède sûr , facile à prendre , qui les débarrassera de cette infirmité , si nuisible à leur fraîcheur ! Seulement, l'avis de leur médecin est toujours nécessaire, car ces maladies peuvent avoir pour cause des lésions organiques contre lesquelles les martiaux sont sans effets ; il faut donc pour user de ces eaux que les maladies susnommées soient essentielles , c'est-à-dire qu'elles résultent d'une inflammation aiguë des muqueuses urétrales et vaginales passée à l'état chronique.

Ici finit la tâche que nous nous sommes imposée.

Ici finit aussi ce que nous avions à dire de ces eaux à titre de médicament. Nous avons été court dans cette dernière partie , ainsi que nous l'avions dit en commençant. Placé dans une position défavorable à l'expérimentation ; aux prises avec une clientèle difficile, indifférente aux maladies chroniques , imbue de préjugés absurdes, résultant de l'ineptie de charlatans de bas-étage, de médiocrités paresseuses et conséquemment routinières, nous aurions tenté d'autres essais. Nos espérances auraient été sans doute dépassées , car nous avons la conviction que les maladies indiquées par nous ne sont pas les seules qui puissent être guéries par l'emploi des eaux ferrifères de Fontaine-Bonneleau.

Amiens , Typographie d'Alfred CARON

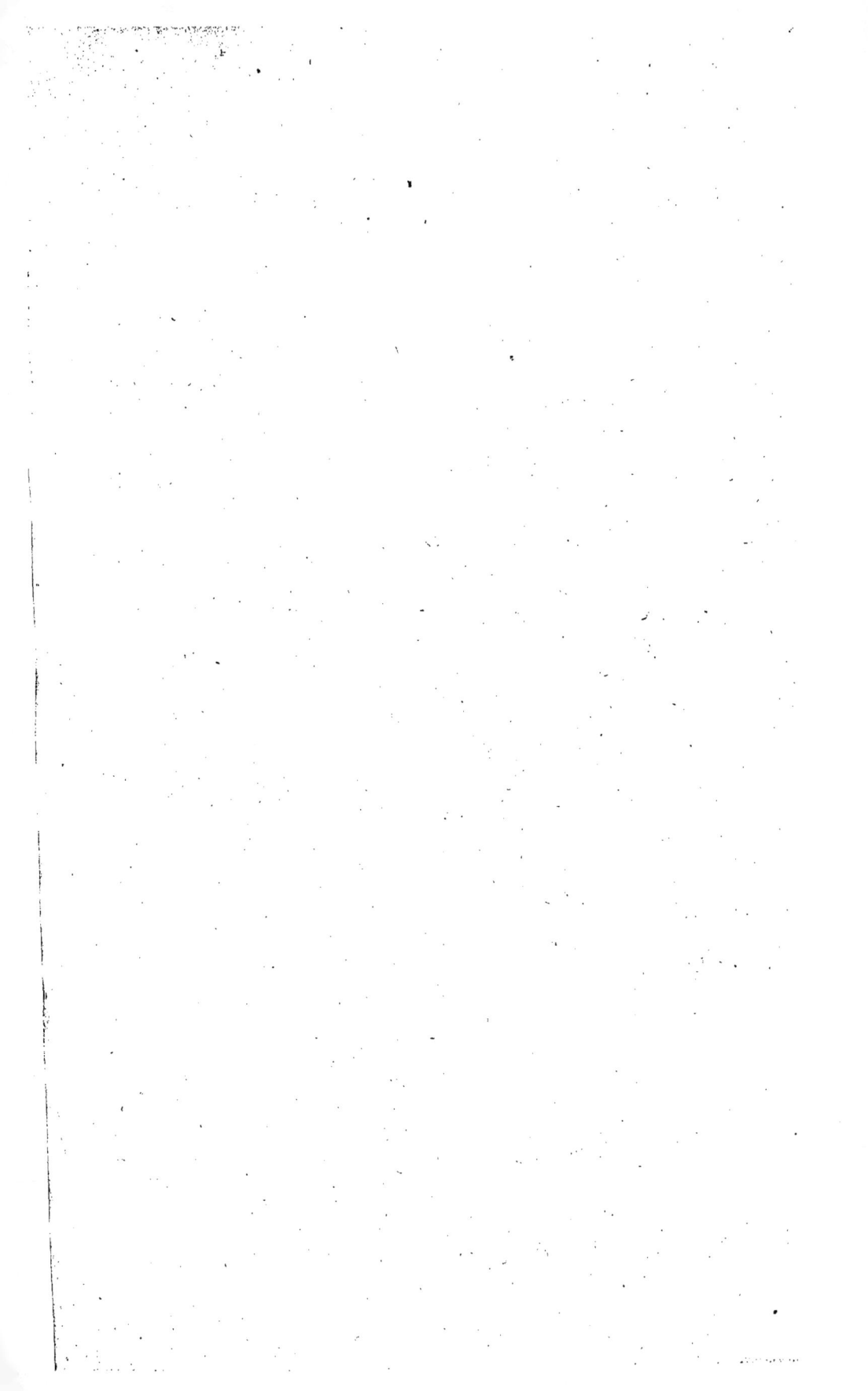

Pour paraître prochainement.

———

# ESSAI

### SUR

# LA PROPOLIS

#### COMME MÉDICAMENT.

*PAR LE MÊME AUTEUR.*